医药类专业大学物理课程教学基本要求
医药类专业大学物理实验课程教学基本要求
农林类专业大学物理课程教学基本要求
农林类专业大学物理实验课程教学基本要求

教育部高等学校大学物理课程教学指导委员会　编

U0286705

清华大学出版社

北　京

图书在版编目（CIP）数据

医药类专业大学物理课程教学基本要求　医药类专业大学物理实验课程教学基本要求　农林类专业大学物理课程教学基本要求　农林类专业大学物理实验课程教学基本要求 / 教育部高等学校大学物理课程教学指导委员会编. — 北京：清华大学出版社，2021.7

ISBN 978-7-302-58543-5

Ⅰ.①医…　Ⅱ.①教…　Ⅲ.①物理学—高等学校—教学参考资料　Ⅳ.①O4

中国版本图书馆CIP数据核字（2021）第126963号

责任编辑：朱红莲
封面设计：傅瑞学
责任校对：王淑云
责任印制：丛怀宇

出版发行：清华大学出版社
　　　　网　　　址：http://www.tup.com.cn, http://www.wqbook.com
　　　　地　　　址：北京清华大学学研大厦A座　　　　邮　　编：100084
　　　　社 总 机：010-62770175　　　　　　　　　　邮　　购：010-62786544
　　　　投稿与读者服务：010-62776969, c-service@tup.tsinghua.edu.cn
　　　　质量反馈：010-62772015, zhiliang@tup.tsinghua.edu.cn
印 装 者：三河市金元印装有限公司
经　　销：全国新华书店
开　　本：170mm×230mm　　　　印　　张：2.25　　　　字　　数：38千字
版　　次：2021年7月第1版　　　　　　　　　　　印　　次：2021年7月第1次印刷
定　　价：10.00元

产品编号：093803-01

出 版 序 言

自《理工科类大学物理课程教学基本要求　理工科类大学物理实验课程教学基本要求》（2010 年版）出版以来，对规范和促进我国高等学校基础物理课程教学、确保教学质量起到了重要作用。在此背景下，2013—2017 年教育部高等学校大学物理课程教学指导委员会于 2014 年 9 月制定并通过了《医药类专业大学物理课程教学基本要求》和《医药类专业大学物理实验课程教学基本要求》两个文件，于 2015 年 7月制定并通过了《农林类专业大学物理课程教学基本要求》和《农林类专业大学物理实验课程教学基本要求》两个文件（以下简称《基本要求》）。2018—2022 年教育部高等学校大学物理课程教学指导委员会在广泛调研的基础上对以上四个文件进行了补充修订，于 2021 年 4 月工作会议上审议并通过。

2021 年版《基本要求》的相关说明如下。

《基本要求》是教育部高等学校大学物理课程教学指导委员会组织编写的教学指导性文件，是高等学校制订相应课程教学计划和教学大纲的基本依据，是编写课程教材的依据，也是检查教学质量的依据，各高等学校应给予充分重视。

基础课程教学在人才培养过程中的作用非常重要，物理基础课程教学不只是教给学生一些后续学习必需的物理基础知识，更重要的是，引导学生在学习这些基础知识的过程中，逐渐形成正确的科学观念，掌握科学方法，培养科学精神。

基础课程的学时是切实贯彻基础课程《基本要求》的保证，从提高教学质量和提高人才培养质量的长远目标着眼，宁可从其他方面争取学时，也不应短视地压缩基础课程的学时。

2021 年版《基本要求》在基本结构和内容方面原则上不做大的改动，适当增加课程思政、现代信息技术应用和"两性一度"的描述。本版《基本要求》虽然历经多年修订，但仍不能说已经完善，希望各高校在贯彻实施中，提出进一步的修改意见。

感谢参加 2021 年版《基本要求》修订、完善工作的教育部高等学校大学物理课程教学指导委员会医药类工作委员会和农林类工作委员会的委员和一直关心该项工作的前任委员，感谢清华大学出版社在出版过程中的大力支持。在此我们向所有关心我们工作，并为之做出贡献的人们表示衷心的感谢！

教育部高等学校大学物理课程教学指导委员会

2021 年 5 月

目　　录

医药类专业大学物理课程教学基本要求

物理学是研究物质的基本结构、基本运动形式、相互作用及其转化规律的自然科学。它的基本理论渗透在自然科学的各个领域，应用于生产技术的许多方面，是其他自然科学和工程技术的基础。

在人类追求真理、探索未知世界的过程中，物理学展现了一系列科学的世界观和方法论，深刻影响着人类对物质世界的基本认识、人类的思维方式和社会生活，是人类文明发展的基石，在培养人才的科学素质方面具有重要的地位。

一、课程的地位、作用和任务

以物理学基础为内容的大学物理课程，是高等学校医药类各专业学生一门重要的通识性必修基础课。该课程所教授的基本概念、基本理论和基本方法是构成学生科学素养的重要组成部分，是一名医药科学工作者所必备的。

大学物理课程在为学生系统地打好必要的物理基础，培养学生树立科学的世界观，增强学生分析问题和解决问题的能力，培养学生的探索精神和创新意识等方面，具有其他课程不能替代的重要作用。

通过大学物理课程的教学，应使学生对物理学的基本概念、基本理论和基本方法有比较系统的认识和正确的理解，为进一步学习打下坚实的基础。在大学物理课程的各个教学环节中，都应在传授知识的同时，注重学生分析问题和解决问题能力的培养，注重学生探索精神和创新意识的培养，努力实现学生知识、能力、素质的协调发展。

二、教学内容基本要求

大学物理课程的教学内容分为 A、B 两类（详见附表）。其中：A 为核心内容，共 45 条，建议学时数不少于 54 学时，各学校可在此基础上根据实际教学情况对 A 类内容各部分的学时分配进行调整；B 为扩展内容，共 84 条，各学校应根据各专业特点和实际教学情况选择部分 B 类内容和自选专题,此类内容的建议学时数不少于 18 学时。建议本科各专业总学时数不少于 72 学时。为了体现加强基础的教育思想,增强学生的发展潜力,各学校应根据人才培养目标和专业特点进一步增加 B 类内容和学时数。对于培养高端医药人才的长学制各专业和某些需要加强物理基础的医药类专业,建议总学时数不应少于 126 学时,包括 54 学时 A 类内容和不少于 72 学时 B 类内容,可参照《理工科类大学物理课程教学基本要求(2010 年版)》。

1. 力学　　　　　　　　　　　　（A：4 条，建议学时数 ≥ 8 学时；B：9 条）

2. 振动和波　　　　　　　　　　（A：8 条，建议学时数 ≥ 8 学时；B：5 条）

3. 热学　　　　　　　　　　　　（A：4 条，建议学时数 ≥ 6 学时；B：11 条）

4. 电磁学　　　　　　　　　　　（A：14 条，建议学时数 ≥ 16 学时；B：14 条）

5. 光学　　　　　　　　　　　　（A：11 条，建议学时数 ≥ 10 学时；B：13 条）

6. 狭义相对论力学基础　　　　　（B：7 条）

7. 量子物理基础　　　　　　　　（A：4 条，建议学时数 ≥ 6 学时；B：10 条）

8. 分子与固体　　　　　　　　　（B：5 条）

9. 核物理与粒子物理　　　　　　（B：7 条）

10. 天体物理与宇宙学　　　　　（B：3 条）

11. 现代医药科学与技术的物理基础专题（自选专题）

三、能力培养基本要求

通过大学物理课程教学,应注意培养学生以下能力:

1. 独立获取知识的能力——逐步掌握科学的学习方法,阅读并理解相当于大学物理水平的物理类教材、参考书和科技文献,不断地扩展知识面,增强独立思考的能力,更新知识结构;能够写出条理清晰的读书笔记、小结或小论文。

2. 科学观察和思维的能力——运用物理学的基本理论和基本观点,通过观察、分析、演绎、归纳、科学抽象、类比联想等方法培养学生发现问题和提出问题的能力,并对所涉问题有一定深度的理解,判断研究结果的合理性。

3. 分析问题和解决问题的能力——根据物理问题的特征、性质以及实际情况,抓住主要矛盾,进行合理的简化,建立相应的物理模型,并用物理语言和基本数学方法进行描述，运用所学的物理理论和研究方法进行分析、研究。

四、素质培养基本要求

通过大学物理课程教学，应注重培养学生以下素质：

1. 求实精神——通过大学物理课程教学，培养学生追求真理的勇气、严谨求实的科学态度和刻苦钻研的作风。

2. 创新意识——通过学习物理学的研究方法、物理学的发展历史以及物理学家的成长经历等，引导学生树立科学的世界观，激发学生的求知热情、探索精神、创新欲望，以及敢于向旧观念挑战的精神。

3. 科学美感——引导学生认识物理学所具有的明快简洁、均衡对称、奇异相对、和谐统一等美学特征，培养学生的科学审美观，使学生学会用美学的观点欣赏和发掘科学的内在规律，逐步增强认识和掌握自然科学规律的自主能力。

五、教学过程基本要求

在大学物理课程的教学过程中，应牢固把握立德树人的根本目标，将价值塑造、知识传授和能力培养三者有机融合，促进学生的知识、能力、素质协调发展；认真贯彻以学生为主体、教师为主导的教育理念；应遵循学生的认知规律，注重理论联系实际，激发学习兴趣，引导自主学习，鼓励个性发展；要加强教学方法和手段的研究与改革，有效提升课程的高阶性、创新性和挑战度，努力营造一个有利于培养学生科学素养和创新意识的教学环境。

1. 教学方法——可采用启发式、讨论式等多种行之有效的教学方法，加强师生之间、学生之间的交流，引导学生独立思考，强化科学思维的训练。习题课、讨论课是启迪学生思维，培养学生提出、分析、解决问题能力的重要教学环节，提倡有条件的学校以小班形式进行，并应在教师引导下以讨论、交流为主，学时数应不少于总学时的10%。鼓励通过网络资源、专题讲座、探索性实践、小课题研究等多种方式开展探究式学习，因材施教，挖掘学生的潜能，调动学生学习的主动性和积极性。

2. 教学手段——应发挥好课堂教学主渠道的作用，教学手段应服务于教学目的，提倡有效利用现代信息技术。应积极创造条件，充分利用计算机辅助教学、虚拟仿真、在线教学和线上线下混合式教学等现代化教育技术，扩大课程信息量，提高教学质量和效率。

3. 演示实验——应充分利用演示实验帮助学生观察物理现象，增强感性认识，提高学习兴趣。大学物理课程的主要内容都应有演示实验（实物演示和多媒体仿真演示），其中实物演示实验的数目不应少于 10 个。实物演示实验可以采用多种形式进行，如课堂实物演示、开放演示实验室、演示实验走廊等。提倡建立开放性的物理演示实验室，鼓励和引导学生自己动手观察实验，思考和分析问题，进行定性或半定量验证。有条件的学校可以通过选修课或适当计算学分等措施保证上述目标的实现。

4. 习题与考核——习题与考核是引导学生学习、检查教学效果、保证教学质量的重要环节，也是体现课程要求规范的重要标志。习题的选取应注重基本概念，强调基本训练，贴近应用实际，激发学习兴趣。考核要避免应试教育的倾向，积极探索以素质教育为核心的课程考核模式。

5. 双语教学——在保证教学效果的前提下，有条件的学校可开展物理课程的双语教学，以提高学生查阅外文资料和科技外语交流的能力。

六、有关说明

1. 本教学基本要求适用于高等学校医药类各专业的物理课程。

2. 本课程宜从一年级第二学期开始，以确保学生学习本课程具有所需要的数学基础。

3. 鼓励各学校在本基本要求的基础上开设反映物理学在医药科学中应用的后续课程，逐步建立以物理学基础课程和物理学在生物医药科学中应用类课程组成的医药类专业物理课程体系。

教育部高等学校大学物理课程教学指导委员会

2021 年 5 月

一、力　学

序号	内　　　容	类别	说明和建议
1	质点运动的描述、相对运动	B	1. 力学的重点是刚体定轴转动定律和流体（包括黏性流体）的运动规律。 2. 力学中除角动量、刚体和流体部分外绝大多数概念学生在中学阶段已有接触，故教学中展开应适度，以避免重复。 3. 通过把力学的研究对象抽象为三个理想模型：质点、刚体和理想流体，逐步使学生学会建立模型的科学研究方法。 4. 应注意学习矢量运算、微积分运算等方法在物理学中的应用。 5. 可简要说明守恒定律与对称性的相互关系及其在物理学中的地位
2	牛顿运动定律及其应用、变力作用下的质点动力学基本问题	B	
3	非惯性系和惯性力	B	
4	质点与质点系的动量定理和动量守恒定律	B	
5	质心、质心运动定理	B	
6	变力的功、动能定理、保守力的功、势能、机械能守恒定律	B	
7	对称性和守恒定律	B	
8	刚体定轴转动定律、转动惯量	A	
9	刚体转动中的功和能	B	
10	质点、刚体的角动量、角动量守恒定律	A	
11	刚体进动	B	
12	理想液体的性质、伯努利方程	A	
13	黏性流体的运动、泊肃叶定律	A	

二、振动和波

序号	内　　　容	类别	说明和建议
1	简谐运动的基本特征和表述、振动的相位、旋转矢量法	A	1. 振动和波是自然界极为普遍的运动形式，简谐运动是研究一切复杂振动的基础。应强调简谐运动以及平面简谐波的描述特点及研究方法，突出相位及相位差的物理意义。 2. 要阐明平面简谐波波函数的物理意义以及波是能量传播的一种重要形式，突出相位传播的概念和相位差在波的叠加中的作用。讲述机械波为讨论电磁波（光波）以及物质波的概念提供基础
2	简谐运动的动力学方程	A	
3	简谐运动的能量	A	
4	阻尼振动、受迫振动和共振	B	
5	非线性振动简介	B	
6	一维简谐运动的合成、拍现象	B	
7	两个相互垂直、频率相同或为整数比的简谐运动合成	B	

序号	内　　容	类别	说明和建议
8	机械波的基本特征、平面简谐波波函数	A	3. 要求学生进一步掌握线性运动叠加原理，并通过对在周期性外力作用下阻尼摆的混沌现象分析，了解非线性问题的特征。
9	波的能量、能流密度	A	4. 振动和波是应用演示手段最为丰富的部分，教学中应充分应用演示实验和多媒体手段阐述旋转矢量法；展示阻尼振动、受迫振动、共振现象、振动的合成、李萨如图形、驻波、多普勒效应等内容。并可鼓励学生自己设计展示物理思想和物理现象的多媒体课件
10	惠更斯原理、波的衍射	A	
11	波的叠加、驻波、相位突变	A	
12	机械波的多普勒效应	B	
13	声波、超声波和次声波；声强级	A	

三、热　学

序号	内　　容	类别	说明和建议
1	平衡态、态参量、热力学第零定律	B	1. 对于中学物理介绍得比较多的气体宏观规律，如气体的物态方程、热力学第一定律等应注意展开适度，减少不必要的重复。
2	理想气体物态方程	B	2. 温度是热学的重要概念，除了说明温度的统计意义外，还应讲述为其提供实验基础的热力学第零定律。
3	准静态过程、热量和内能	B	
4	热力学第一定律、典型的热力学过程	B	
5	多方过程	B	3. 注重讲授大量粒子组成的系统的统计研究方法和统计规律，以及热现象研究中宏观量与微观量之间的区别与联系。
6	循环过程、卡诺循环、热机效率、制冷系数	B	
7	热力学第二定律、熵和熵增加原理、玻耳兹曼熵关系式	B	4. 通过理想气体的压强和气体分子平均自由程等公式的建立以及气体范德瓦耳斯方程的导出，进一步讲授科学研究的建模方法。
8	范德瓦耳斯方程	B	
9	统计规律、理想气体的压强和温度	A	5. 应强调热力学第二定律的重要性，使学生理解和掌握熵和熵增加原理是自然界（包括自然科学和社会科学）最为普遍实用的定律之一
10	理想气体的内能、能量按自由度均分定理	A	
11	麦克斯韦速率分布律、三种统计速率	A	
12	玻耳兹曼分布	B	
13	气体分子的平均碰撞频率和平均自由程	B	
14	输运现象	B	
15	液体的表面现象	A	

四、电磁学

序号	内　容	类别	说明和建议
1	库仑定律、电场强度、电场强度叠加原理及其应用	A	1. 对中学物理介绍得比较多的电场力、磁场力、静电感应及电磁感应现象等内容，讲述中应注意与中学教学的衔接，减少不必要的重复。 2. 电磁学的重点在于通过库仑定律、高斯定理和环路定理、毕奥 - 萨伐尔定律、法拉第电磁感应定律等，学习电磁场的概念以及场的研究方法。 3. 突出介绍以点电荷的电场和电流元的磁场为基础的叠加法。强调电场强度、电场力、磁感应强度、磁场力的矢量性。并加强学生应用微积分解决物理问题的训练。 4. 通过讲述法拉第电磁感应定律以及麦克斯韦关于涡旋电场和位移电流的基本假设，并阐明麦克斯韦方程组的物理思想，帮助学生建立起统一电磁场的概念，认识电磁场的物质性、相对性和统一性。 5. 电路是处理电磁问题的一种常用方式，有很重要的实际意义，应说明用"路"或"场"处理电磁问题的前提条件
2	静电场的高斯定理	A	
3	电势、电势叠加原理	A	
4	电场强度和电势的关系、静电场的环路定理	A	
5	导体的静电平衡	B	
6	电介质的极化及其描述	B	
7	有电介质存在时的电场	B	
8	电容	A	
9	磁感应强度：毕奥 - 萨伐尔定律、磁感应强度叠加原理	A	
10	恒定磁场的高斯定理和安培环路定理	A	
11	安培定律	A	
12	洛伦兹力	A	
13	物质的磁性、顺磁质、抗磁质、铁磁质	B	
14	有磁介质存在时的磁场	B	
15	恒定电流、电流密度和电动势	A	
16	法拉第电磁感应定律	A	
17	动生电动势和感生电动势、涡旋电场	A	
18	自感和互感	B	
19	电场和磁场的能量	A	
20	位移电流、全电流安培环路定律	B	
21	麦克斯韦方程组的积分形式	B	
22	电磁波的产生及基本性质	B	
23	麦克斯韦方程组的微分形式	B	
24	边界条件	B	

序号	内　　容	类别	说明和建议
25	超导体的电磁性质	B	
26	直流电：闭合电路和一段含源电路的欧姆定律、基尔霍夫定律、电流的功和功率	A	
27	交流电：简单交流电路的解法（矢量图解法和复数解法）、交流电的功率、三相交流电	B	
28	暂态过程、谐振电路	B	

五、光　学

序号	内　　容	类别	说明和建议
1	几何光学基本定律	B	1. 介绍几何光学的基本定律和近轴光学成像的分析方法。
2	光在平面上的反射和折射	B	2. 重点讲述光的干涉和衍射，使学生掌握判断波的基本特征。
3	光在球面上的反射和折射	B	3. 分波阵面干涉主要介绍杨氏双缝干涉，劳埃德镜干涉可突出相位突变的实验验证。
4	薄透镜	B	4. 分振幅干涉的教学重点是等厚干涉及其应用。
5	显微镜、望远镜、照相机、人眼成像	B	5. 通过干涉和衍射的学习，以及一些光学器件在现代医药科学及工程技术中的应用，使学生理解光栅光谱的特征以及光谱分析的意义，了解光学精密测量的基本方法。
6	光源、光的相干性	A	6. 光学也是演示手段较为丰富的一部分，可充分运用多媒体手段展示干涉和衍射现象的规律及其变化、单缝衍射对光栅衍射的调制作用及缺级现象、偏振光的获得等内容，帮助学生加深对光学基本理论的理解
7	光程、光程差	A	
8	分波阵面干涉	A	
9	分振幅干涉	A	
10	迈克耳孙干涉仪	B	
11	光的空间相干性和时间相干性	B	
12	惠更斯 - 菲涅耳原理	A	
13	夫琅禾费单缝衍射	A	
14	光栅衍射	A	
15	光学仪器的分辨本领	A	
16	X 射线的产生及基本性质	B	
17	晶体的 X 射线衍射	B	

序号	内　　容	类别	说明和建议
18	全息照相	B	
19	光的偏振性、马吕斯定律	A	
20	布儒斯特定律	A	
21	光的双折射现象	B	
22	偏振光干涉和人工双折射	B	
23	旋光现象	A	
24	光与物质的相互作用：吸收、散射和色散	B	

六、狭义相对论力学基础

序号	内　　容	类别	说明和建议
1	迈克耳孙 - 莫雷实验	B	1. 本部分重点讲述狭义相对论的基本原理、研究方法，通过与绝对时空观的比较，帮助学生建立狭义相对论的时空观。
2	狭义相对论的两个基本假设	B	
3	洛伦兹坐标变换和速度变换	B	2. 注意学习相对论动力学基础
4	同时性的相对性、长度收缩和时间延缓	B	
5	相对论动力学基础	B	
6	能量和动量的关系	B	
7	电磁场的相对性	B	

七、量子物理基础

序号	内　　容	类别	说明和建议
1	黑体辐射、光电效应、康普顿散射	A	1. 突出讲授光的波粒二象性的物理思想，对中学已讲解的光电效应可适当简化，避免不必要的重复。
2	戴维孙 - 革末实验、德布罗意的物质波假设	A	
3	玻尔的氢原子模型	B	
4	弗兰克 - 赫兹实验、原子里德伯态、对应原理	B	
5	波函数及其概率解释	A	

序号	内 容	类别	说明和建议
6	不确定关系	A	2. 本部分重点介绍量子力学的基本原理，帮助学生建立物质波粒二象性和量子化的概念，这是从经典物理到量子物理过渡的重要阶梯。理解微观物质的描述方式和波函数的统计意义，可通过一维无限深势阱的量子力学描述以及与经典驻波的比照，帮助学生理解波函数和薛定谔方程是量子力学状态描述的手段。
7	薛定谔方程	B	
8	一维无限深势阱	B	
9	一维谐振子	B	
10	一维势垒、隧道效应、电子扫描隧道显微镜	B	
11	氢原子的能量和角动量量子化	B	
12	电子自旋：施特恩 - 格拉赫实验	B	3. 注意通过几个重要实验和模型，给出量子力学作为新理论创立和发展的过程以及人们对物质世界认识不断深化的过程，给学生以创新思维和探究精神的启迪。
13	泡利原理、原子的壳层结构、元素周期表	B	
14	碱金属原子、交换对称性、激光、激光冷却与原子囚禁	B	4. 介绍激光及其在医学中的应用

八、分子与固体

序号	内 容	类别	说明和建议
1	化学键：离子键、共价键	B	1. 这部分内容重在物理图像和物理概念的建立。
2	分子的振动与转动	B	2. 帮助学生理解离子键和共价键两种重要化学键形成的机理及分子结构的基本特点。
3	自由电子的能量分布与金属导电的量子解释	B	3. 理解金属中自由电子的分布规律和导电机制，能带的形成，半导体的导电机制，pn 结的形成以及简单半导体器件的工作原理
4	能带、导体和绝缘体	B	
5	半导体、pn 结、半导体器件	B	

九、核物理与粒子物理

序号	内 容	类别	说明和建议
1	原子核的一般性质	B	1. 这部分内容重在帮助学生了解研究微观物质的基本方法。
2	放射性衰变、辐射剂量与辐射防护	B	2. 重点介绍物质微观结构、运动规律和相互作用的基本物理图像。
3	射线与物质的相互作用	B	3. 了解磁共振成像（MRI）、正电子发射计算机断层成像（PET）等影像技术以及肿瘤放射治疗、辐射防护的物理基础
4	原子核的裂变与聚变	B	
5	粒子及其分类	B	
6	守恒定律	B	
7	基本相互作用与标准模型	B	

十、天体物理与宇宙学

序号	内　　容	类别	说明和建议
1	星体的演化：白矮星、中子星和黑洞	B	1. 了解广义相对论的基本原理，并建立相应的时空观。
2	广义相对论基础：等效原理、弯曲时空、引力红移和引力辐射	B	2. 介绍天体和宇宙演化的物理图像，了解微观，宏观和宇观物理规律之间的联系，帮助学生建立科学的自然观和宇宙观
3	宇宙学：大爆炸理论、宇宙膨胀、宇宙背景辐射	B	

十一、现代医药科学与技术的物理基础专题（自选专题）

说明：

1. 教学内容基本要求分为 A、B 两类，其中 A 类共有 45 条，B 类共有 84 条。A 类内容构成大学物理课程教学内容的基本框架，是核心内容；B 类是扩展内容，它们常常是理解现代科学技术进展的基础，讲述这些内容可以使学生对大学物理基本规律的理解更加深刻和充实。B 类中部分内容应属核心内容，鉴于目前各学校、各专业对物理课程的要求及学时数相差较大，将其列为扩展内容便于各学校根据各专业特点和实际教学情况进行选择。各学校除了保证基本知识结构的系统性、完整性以外，在知识的深度和广度上不应仅满足于 A 类内容，而应当根据学时范围和授课对象所需基础尽可能多地选择 B 类内容，必要时还可适当开启新的"知识窗口"，介绍与科学前沿和技术应用发展相关的内容。

由于各学校类型、办学性质和人才培养目标的差异，在充分论证的基础上，一些专业的大学物理教学内容可以在 A、B 两类内容之间进行小幅调整，但由 A 类内容调整为 B 类内容的比例不应大于 15%。调整的论证资料应由学校存档。调整后的教学内容通过各校教学大纲加以规范。

2. 应适当加强近代物理基础知识的教学，近代物理的内容一般不应少于总学时的 15%。

3. 为了拓展学生视野，培养学生的创新意识，夯实学生进一步发展的物理基础，在基本要求的内容中包含了现代医药科学与技术的物理基础专题。专题内容可用以拓展物理知识面；也可以介绍物理学在医药科学技术应用中的新理论、新知识、新技术。专题内容和学时由各学校自行确定，并应订入课程教学大纲，予以落实。

4. 本教学基本要求不涉及教学内容的先后安排和编写教材的章节顺序。在实施教学中，要注意各部分内容之间的相互联系和有机衔接。

医药类专业大学物理实验课程教学基本要求

物理学是研究物质的基本结构、基本运动形式、相互作用及其转化规律的自然科学。它的基本理论渗透在自然科学的各个领域，应用于生产技术的许多部门，是其他自然科学和工程技术的基础。

在人类追求真理、探索未知世界的过程中，物理学展现了一系列科学的世界观和方法论，深刻影响着人类对物质世界的基本认识、人类的思维方式和社会生活，是人类文明的基石，在人才的科学素质培养中具有重要的地位。

物理学本质上是一门实验科学。物理实验是科学实验的先驱，体现了大多数科学实验的共性，在实验思想、实验方法以及实验手段等方面是各学科科学实验的基础。

一、课程的地位、作用和任务

大学物理实验课程是高等学校医药类专业对学生进行科学实验基本训练的必修基础课程，是本科生接受系统实验方法和实验技能训练的开端。

物理实验课覆盖面广，具有丰富的实验思想、方法、手段，同时能提供综合性很强的基本实验技能训练，是培养学生科学实验能力、提高科学素质的重要基础。它在培养学生严谨的治学态度、活跃的创新意识、理论联系实际和适应科技发展的综合应用能力等方面具有其他实践类课程不可替代的作用。

本课程的具体任务是：

1. 培养学生的基本科学实验技能，提高学生的科学实验基本素质，使学生初步掌握实验科学的思想和方法。培养学生的科学思维和创新意识，使学生掌握实验研究的基本方法，提高学生的分析能力和创新能力。

2. 提高学生的科学素养，培养学生理论联系实际和实事求是的科学作风，认真严谨的科学态度，积极主动的探索精神，遵守纪律、团结协作、爱护公共财产的优良品德。

二、教学内容基本要求

大学物理实验应包括普通物理实验（力学、热学、电磁学、光学实验）、近代物理实验和医学物理实验，具体的教学内容基本要求如下：

1. 掌握测量误差的基本知识，具有正确处理实验数据的基本能力。

（1）测量误差与不确定度的基本概念，能逐步学会用不确定度对直接测量和间接测量的结果进行评估。

（2）处理实验数据的一些常用方法，包括列表法、作图法和最小二乘法等。随着计算机及其应用技术的普及，应包括用计算机通用软件处理实验数据的基本方法。

2. 掌握基本物理量的测量方法。

例如：长度、质量、时间、热量、温度、湿度、压强、压力、液体黏度、液体表面张力系数、电流、电压、电阻、磁感应强度、发光强度、折射率、旋光率、电子电荷、普朗克常量、里德伯常量等常用物理量及物性参数的测量，注意加强数字化测量技术和计算技术在物理实验教学中的应用。

3. 了解常用的物理实验方法，并逐步学会使用。

例如：比较法、转换法、放大法、模拟法、补偿法、平衡法和干涉、衍射法，以及在近代科学研究和工程技术中有广泛应用的其他方法。

4. 掌握实验室常用仪器的性能，并能够正确使用。

例如：长度测量仪器、计时仪器、测温仪器、变阻器、电表、交/直流电桥、通用示波器、低频信号发生器、旋光计、分光仪、光谱仪、常用电源和光源等常用仪器。

各学校应根据条件，在物理实验课中逐步引进在当代医药科学与工程技术中广泛应用的现代物理技术，例如：激光技术、传感器技术、微弱信号检测技术、光电子技术、结构分析波谱技术等。

5. 掌握常用的实验操作技术。

例如：零位调整、水平/铅直调整、光路的共轴调整、消视差调整、逐次逼近调整、根据给定的电路图正确接线、简单的电路故障检查与排除，以及在近代科学研究与工程技术中广泛应用的仪器的正确调节。

6. 适当介绍物理实验史和物理实验在现代科学技术中的应用知识。

三、能力培养基本要求

1. 独立实验的能力——能够通过阅读实验教材，查询有关资料和思考问题，掌握实验原理及方法，做好实验前的准备；正确使用仪器及辅助设备，独立完成实验内容，撰写合格的实验报告；培养学生独立实验的能力，逐步形成自主实验的基本能力。

2. 分析与研究的能力——能够融合实验原理、设计思想、实验方法及相关的理论知识对实验结果进行分析、判断、归纳与综合。掌握通过实验进行物理现象和物理规律研究的基本方法，具有初步分析与研究的能力。

3. 理论联系实际的能力——能够在实验中发现问题、分析问题并学习解决问题的科学方法，逐步提高学生综合运用所学知识和技能解决实际问题的能力。

4. 创新能力——能够完成符合规范要求的综合性内容的实验，进行初步的具有设计性、研究性或创意性内容的实验，激发学生的学习主动性，逐步培养学生的创新能力。

四、分层次教学基本要求

上述教学要求，应通过开设一定数量的基础性实验、综合性实验来实现。这两类实验教学层次的比例建议分别为：70%、30%（各学校可根据本校的特点和需要，做适当调整，但综合性实验的比例应不低于20%。并含有一定比例的近代物理实验和医学物理实验）。鼓励有条件的学校在此基础上进一步开设设计性或研究性实验。

1. 基础性实验：主要学习基本物理量的测量、基本实验仪器的使用、基本实验技能和基本测量方法、误差与不确定度及数据处理的理论与方法等，可涉及力学、热学、电磁学、光学、近代物理等各个领域的内容。此类实验为适应各专业的普及性实验。

2. 综合性实验：指在同一个实验中涉及力学、热学、电磁学、光学、近代物理等多个知识领域，综合应用多种方法和技术的实验。此类实验的目的是巩固学生在基础性实验阶段的学习成果、开阔学生的眼界和思路，提高学生对实验方法和实验技术的综合运用能力。各学校应根据本校的实际情况设置该部分实验内容(综合的程度、综合的范围、实验仪器、教学要求等)。

3. 设计性实验：根据给定的实验题目、要求和实验条件，由学生自己设计方案并基本独立完成全过程的实验。各学校也应根据本校的实际情况设置该部分实验内容（实验选题、教学要求、实验条件、独立的程度等）。

4.研究性实验：组织若干个围绕基础物理实验的课题，由学生以个体或团队的形式，以科研方式进行的实验。

设计性或研究性实验是教学理念、教学方法的体现，由单个或系列基础性实验、综合性实验拓展构成。设计性或研究性实验的目的是使学生了解科学实验的全过程、逐步掌握科学思想和科学方法，培养学生独立实验的能力和运用所学知识解决给定问题的能力。各学校可根据本校的实际情况设置该类型的实验内容。

五、教学过程基本要求

在大学物理实验课程的教学过程中，应牢固把握立德树人的根本目标，将价值塑造、知识传授和能力培养三者有机融合，促进学生的知识、能力、素质协调发展；应遵循学生的认知规律，注重理论联系实际，激发学习兴趣，引导自主学习，鼓励个性发展；要加强教学方法和手段的研究与改革，有效提升课程的高阶性、创新性和挑战度，努力营造一个有利于培养学生科学素养和创新意识的教学环境。

1.鼓励各学校积极创造条件开设开放物理实验室，在教学时间、空间和内容上给学生较大的选择自由。为一些实验基础较为薄弱的学生开设预备性实验以保证实验课教学质量；为学有余力的学生开设提高性实验，提供延伸课内实验内容的条件，尽可能开设不同层次的开放性实验内容，以满足各层次学生求知的需要，适应学生的个性发展。

2.创造条件，充分利用网络技术、多媒体教学软件、虚拟仿真实验等现代信息技术，拓宽教学的时间和空间，扩大课程信息量，提高教学质量和效率。提供学生自主学习的平台和师生交流的平台，加强现代化教学信息管理，以满足学生个性化教育和全面提高学生科学实验素质的需要。

3.考核是实验教学中的重要环节，应该强化学生实验能力和实践技能的考核，鼓励建立能够反映学生科学实验能力的多样化的考核方式。

4.物理实验课程一般不少于36学时。对于培养高端医药人才的长学制各专业和某些需要加强物理基础的医药类专业建议实验学时数一般不应少于54学时。

5. 基础性实验分组实验一般每组 1~2 人为宜。

六、有关说明

1. 本基本要求适用于高等学校医药类各专业的物理实验教学。

2. 各学校应积极创造条件，开辟学生创新实践的第二课堂，进一步加强对学生创新意识和创新能力的培养，鼓励和支持拔尖学生脱颖而出。

3. 积极开展物理实验课程的教学改革研究，在教学内容、课程体系、教学方法、教学手段等各方面进行新的探索和尝试，并将成功的经验应用于教学实践中。

教育部高等学校大学物理课程教学指导委员会

2021 年 5 月

农林类专业大学物理课程教学基本要求

一、课程的地位、作用和任务

地位：物理学是研究自然界中各种最基本的运动形式及其规律的科学。它的基本理论渗透到农林类学科的各个领域，应用于农业与林业生产技术的许多部门，是农学、林学科学研究和工程技术的基础。

作用：大学物理学是普通高等院校农林类各学科学生一门重要的必修通识课，它不仅构成学习农林类学科学生的科学素养的一个重要组成部分，更是一个农业与林业科学工作者和工程技术人员所必备的基础知识。大学物理学课程在培养学生辩证唯物主义的世界观，培养学生的创新精神，具有不可替代的重要作用。

任务：通过大学物理学课程的教学，使学生对自然界的物质结构、相互作用和运动规律有比较全面和正确的理解，为进一步学习农学与林学的专业课程打下坚实的基础。物理学教学中，注意在传授知识的同时着重培养学生分析和解决问题的能力，努力实现知识、能力、素质的协调发展。

二、教学内容基本要求

农林类学科大学物理学的教学内容分为 A、B 两类（详见附表）和自选专题类。其中：A 为核心内容，共 57 条，B 为扩展内容，共 31 条，建议学时数不少于 64 学时，各校可在此基础上根据专业实际情况酌情增加到 80 学时或 96 学时。

1. 力学（A：5 条，建议学时数 ≥ 8 学时；B：7 条，有条件一定要开，学时数 ≥ 10 学时）

2. 振动和波动（A：9 条，建议学时数 ≥ 8 学时；B：3 条）

3. 热学（A：10 条，建议学时数 ≥ 12 学时；B：3 条）

4. 电磁学（A：14 条，建议学时数 ≥ 20 学时；B：6 条）

5. 光学（A：16 条，建议学时数 ≥ 14 学时；B：7 条）

6.量子物理与核物理（A：3条，建议学时数≥2学时；B：5条）

三、能力与素质培养基本要求

通过大学物理课程教学，应培养学生以下能力与素质：

能够独立阅读相当于大学物理水平的物理类教材、参考书和文献资料，不断地扩展知识面，并能理解其主要内容，写出条理较为清晰的读书笔记、小结或小论文。

对一些较为简单的农学、林学实际问题，能够根据问题的性质以及实际需要，抓住主要因素，进行合理简化，建立相应的物理模型，并运用所学的物理理论和研究方法加以解决。

通过课程教学，培养学生追求真理的理想和献身科学的精神，树立辩证唯物主义世界观，培养学生严谨求实的科学态度和坚忍不拔的科学品格。

通过了解物理学史和物理学家成才经历等，激发学生求知热情、探索精神和创新欲望，使学生善于思考，勇于实践，敢于向旧观念挑战。

四、教学过程基本要求

基本原则——以立德树人为根本，将价值塑造、知识传授和能力培养有机融合，促进学生知识、能力、素质协调发展；认真贯彻以学生为主体、教师为主导的教学思想，在积极进行教学改革的基础上，有效提升课程的高阶性、创新性和挑战度，努力构建一个有利于学生个性发展和创造能力培养的大学物理课程教学体系，加强学生在课程教学过程中的参与度，鼓励学生自学。

教学方法——采用启发式、讨论式、开放式、MOOC、课堂翻转教学等多种行之有效的教学方法，引导学生思考，强化发散思维训练。习题课或讨论课是启迪学生思维，培养学生提出、分析、解决问题的重要环节，习题课或讨论课应在教师引导下以学生讨论、交流为主，习题课或讨论课的学时数不应少于总学时的10%，有条件的学校习题课或讨论课提倡以小班形式进行，提高学生学习的主动性和积极性。

教学手段——提倡采用多媒体与板书相结合的课堂教学法。应充分利用演示实验帮助学生观察物理现象，增加感性知识，提高学习的兴趣，物理学课程的主要内容都应有演示实验（实物演示和多媒体演示），其中实物演示实验的数目不应少于 20 个，各学校还应创造条件，积极推进计算机辅助教学、虚拟仿真、在线教学、线上线下混合式教学等现代信息技术与课程教学的深度融合，增强教学效果，提高教学效率，加强课外交流。

双语教学——鼓励有条件的院校开展双语教学，或者在教学中增加物理名词的外文注释及说明，以提高学生查阅外文资料能力和科技外语交流能力。

习题与考核——要保证一定的习题数量，习题量约为 100~200。习题的选取应围绕教学要求强调基本习题训练，降低技巧性习题的要求，应尽量精选一些既能培养学生分析和解决问题能力、巩固所学知识，又较贴近应用实际可激发学生学习兴趣的作业。考核以闭卷为主，要积极探索体现素质教育特征的考核方式。

五、有关说明

适用对象：本教学基本要求适用于一般农林院校开设物理学课程的农学、林学各本科专业，是学生学习本课程应达到的最低要求。各院校可以根据学校人才培养目标和专业特点增加某些内容和提高某些要求。

开设时间：为充分运用高等数学工具，本课程宜从一年级第二学期开始。

一、力　学

序号	内　　容	类别	说明和建议
1	质点运动的描述、相对运动	B	1. 注意矢量运算、微积分运算在大学物理学中的应用。 2. 流体力学的重点是流体动力学，着重介绍理想流体的伯努利方程，并说明它是能量守恒定律在流体力学中的应用。 3. 在理想流体的基础上，研究到层流，再适当扩展到湍流
2	牛顿运动定律及其应用、变力作用下的质点动力学问题	B	
3	质点与质点系动量定理、动量守恒定理	B	
4	变力的功、动能定理、保守力的功、势能、机械能守恒定理	B	
5	刚体定轴转动定律，转动惯量	B	
6	质点、刚体的角动量、角动量守恒定律	B	
7	理想流体、定常流动、流线、流管	A	
8	连续性原理、伯努利方程、伯努利方程的应用	A	
9	流体的黏滞性、层流、牛顿黏滞定律、泊肃叶公式、斯托克斯公式、湍流、雷诺数	B	
10	液体的表面现象、表面张力	A	
11	弯曲液面的附加压强	A	
12	润湿和不润湿、毛细现象、气体栓塞现象	A	

二、振动和波动

序号	内　　容	类别	建议和说明
1	简谐振动的描述、简谐振动的表达式、速度和加速度、振动的相位、旋转矢量法	A	1. 简谐振动是研究一切复杂振动的基础。应强调简谐振动的描述特点及研究方法，突出相位及相位差的意义。 2. 要求学生掌握运动叠加原理。 3. 说明波动是自然界极为普遍的运动形式，讲述机械波要为讨论电磁波、光波以及物质波的概念提供基础
2	简谐运动的动力学方程	A	
3	阻尼振动、受迫振动和共振	B	
4	简谐振动的能量	A	
5	同方向同频率简谐振动的合成、同方向不同频率两简谐振动的合成	A	

序号	内　　容	类别	建议和说明
6	拍现象	B	4. 要阐明平面简谐波波函数的物理意义以及波是能量传播的一种重要形式，突出相位的概念和相位差在波的干涉中的作用。
7	振动方向相互垂直、同频率两简谐振动的合成、振动方向相互垂直、不同频率两简谐振动的合成	A	5. 振动和波动是应用演示手段最为丰富的部分，教学中可充分应用多媒体等手段展示旋转矢量法、阻尼振动、受迫振动和共振现象、振动的合成、李萨如图形、驻波等内容
8	机械波的形成：平面简谐波波函数	A	
9	波的能量能流密度	A	
10	惠更斯原理、波的干涉	A	
11	驻波、驻波的波函数、半波损失	A	
12	声波、超声波和次声波、声强级、听觉阈	B	

三、热　学

序号	内　　容	类别	说明和建议
1	热量、内能、做功、热力学第一定律	A	1. 热力学第一定律是基础，要熟练热力学第一定律对于理想气体的应用。
2	准静态过程：等体、等压、等温和绝热过程	A	2. 要强调热力学第二定律的重要性，使学生体会到熵和熵增加原理是自然界（包括自然科学和社会科学）最为普遍实用的定律之一。
3	循环过程和卡诺循环、热机效率、制冷系数	A	3. 在本部分中应当强调大量粒子组成的系统的统计研究方法和统计规律，以及热现象研究中宏观量与微观量之间的区别与联系。
4	可逆过程、不可逆过程、热力学第二定律的两种表述、卡诺定理	A	
5	熵、熵增加原理、熵的微观本质和统计学意义、玻耳兹曼关系式	A	
6	耗散结构、生命系统的负熵	B	4. 通过理想气体的压强和气体分子平均自由程等公式的推导讲授物理研究的建模方法。
7	平衡态、状态参量与理想气体物态方程	A	5. 热学是与农业和林业最紧密联系的领域之一，学时允许时要尽可能地多介绍一些扩展内容，如液体的性质
8	理想气体的压强和温度	A	
9	理想气体的内能、能量均分定理	A	
10	麦克斯韦速率分布律、三种统计速率	A	
11	玻耳兹曼统计与玻耳兹曼分布	B	
12	气体分子的平均碰撞频率、平均自由程	A	
13	气体内的输运过程	B	

四、电磁学

序号	内 容	类别	说明和建议
1	电场、电力线、电场强度、场强叠加原理	A	1. 本部分的重点在于通过高斯定理和环路定理学习场的概念以及场的研究方法。
2	电势、电势叠加原理、等势面、电场强度和电势梯度的关系	A	2. 突出以点电荷的电场和电势为基础的叠加法。强调电场强度、电场力的矢量性。并加强学生应用微积分解决物理问题的训练。
3	导体的静电平衡	B	
4	静电场的高斯定理和环路定理	A	3. 通过毕奥－萨伐尔定律、高斯定理和安培环路定理等，进一步学习场的概念以及场的研究方法。
5	电容和简单电容器容量的计算	B	
6	电介质的极化及其描述、电位移矢量、介质中的高斯定理	A	4. 强调磁感强度、磁场力的矢量性。与处理电场问题一样，要帮助学生学习对称性分析、近似计算、渐近行为的考查、微积分的应用等，从而使学生分析问题、解决问题的能力得到加强。
7	非静电力、电源电动势	A	
8	电流强度、电流密度、欧姆定律的微分形式	B	
9	磁感应强度、磁通量、毕奥－萨伐尔定律、磁场叠加原理	A	5. 重点讲述法拉第电磁感应定律以及麦克斯韦关于涡旋电场和位移电流的假设，帮助学生建立起时变电磁场的概念。
10	稳恒磁场的高斯定理、安培环路定理	A	
11	运动电荷的磁场、洛伦兹力	A	6. 阐明麦克斯韦方程组的物理思想，帮助学生建立起统一电磁场的概念以及电磁场的物质性、相对性和统一性
12	磁介质中的磁场、顺磁质、抗磁质、铁磁质、有磁介质时的安培环路定理、磁场强度	B	
13	霍尔效应	A	
14	法拉第电磁感应定律	A	
15	动生电动势和感生电动势、涡旋电场	A	
16	自感、互感、电场和磁场的能量、电能密度和磁能密度	A	
17	位移电流和全电流定律	A	
18	麦克斯韦方程组的积分形式	A	
19	麦克斯韦方程组的微分形式	B	
20	电磁波的辐射、电磁波谱	B	

五、光　学

序号	内　　容	类别	说明和建议
1	光的相干性、相干条件、光程、光程差	A	1. 分波阵面干涉主要介绍杨氏双缝干涉，洛埃镜干涉可突出半波损失的实验验证。
2	光的空间相干性和时间相干性	B	2. 通过薄膜干涉的学习，以及一些光学器件在现代工程技术中的应用，使学生了解光学精密测量的物理原理和方法。
3	分波阵面干涉、杨氏双缝干涉、洛埃镜、半波损失	A	
4	分振幅干涉、等倾干涉、等厚干涉	A	
5	迈克耳逊干涉仪	B	3. 衍射和干涉都是波动现象的基本特征，同为本部分的教学重点。
6	惠更斯—菲涅耳原理	A	4. 光栅是物理学中最为简单且贡献最为巨大的光学元件。通过光栅的学习要帮助学生理解光栅光谱的特征，以及光谱分析的意义。
7	夫琅禾费单缝衍射、半波带法	A	
8	衍射光栅	A	
9	X射线晶体衍射	B	
10	爱里斑半角公式、光学仪器的分辨本领	A	5. 主要介绍偏振光与自然光的概念，偏振光的获得与检测，适当介绍偏振光的应用。
11	光的偏振性、自然光、部分偏振光、偏振光	A	
12	反射产生偏振光、布儒斯特定律	A	6. 光学也是演示手段较为丰富的一部分，可充分运用多媒体手段展示干涉和衍射条纹的分布规律及其变化、单缝衍射对光栅衍射的调制作用及缺级现象、偏振光的获得等内容，帮助学生对光学基本理论的理解
13	马吕斯定律	A	
14	光的双折射、尼科耳棱镜	B	
15	圆和椭圆偏振光、波片	A	
16	旋光现象	B	
17	光的相互作用、吸收、散射、色散	B	
18	光度学能量标准、辐射通量、辐射强度辐射亮度、辐照度	A	
19	光度学视觉标准、视见函数、光通量、发光强度、光亮度、光照度	A	
20	光能的测量、光度计、照度计、辐射计、光量子照度计	A	
21	彩色的特性、明度、色调、饱和度、加色原理、减色原理、色度图	A	
22	颜色的宽容量、黑体辐射色温、色光混合	A	
23	视觉暂留、眼睛结构、锥状细胞、柱状细胞	B	

六、量子物理与核物理

序号	内容	类别	说明和建议
1	黑体辐射、普朗克量子假说	B	1. 重点讲述量子力学的基本原理。
2	光电效应、康普顿效应	B	2. 重点讲述放射性在农学、林学科技中的应用
3	实物粒子的波动性、不确定关系	B	
4	薛定谔方程、一维势阱、隧道效应	B	
5	氢原子光谱、电子轨道角动量、电子自旋、泡利不相容原理、原子的壳层结构	B	
6	原子核的组成、天然放射性	A	
7	核反应方程、核能、重核裂变、轻核聚变	A	
8	放射性同位素及其应用	A	

说明：

1. 各部分的内容分为 A、B 两类，其中 A 类共有 57 个知识点，B 类共有 31 个知识点。A 类构成大学物理学课程教学内容的基本框架，是核心内容；B 类是扩展内容，是前者的补充，各学校除了保证基本知识结构的完整性以外，在知识的宽度、深度上不应仅满足于讲述基本内容的知识点，而应当根据学时和授课对象的专业所需基础尽可能多地选择扩展内容的知识点，必要时还应适当开启窗口，介绍与科学前沿发展相关的内容；学时偏少时，应确保基本内容知识点和理论框架，优先保证宽度，适当降低数学应用的难度，弱化数学推演的完整性。

2. 教学内容不涉及先后安排和编写教材的章节顺序，在实施教学中，要注意各部分内容之间的相互联系和有机衔接。

教育部高等学校大学物理课程教学指导委员会

2021 年 5 月

农林类专业大学物理实验课程教学基本要求

物理学是研究物质的基本结构、基本运动形式、相互作用及其转化规律的自然科学。它的基本理论渗透在自然科学的各个领域，应用于生产技术的许多部门，是其他自然科学和工程技术的基础。

在人类追求真理、探索未知世界的过程中，物理学展现了一系列科学的世界观和方法论，深刻影响着人类对物质世界的基本认识、人类的思维方式和社会生活，是人类文明的基石，在人才的科学素质培养中具有重要的地位。

物理学本质上是一门实验科学。物理实验是科学实验的先驱，体现了大多数科学实验的共性，在实验思想、实验方法以及实验手段等方面是各学科科学实验的基础。

一、课程的地位、作用和任务

物理实验课是高等学校农林类专业对学生进行科学实验基本训练的必修基础课程，是本科生接受系统实验方法和实验技能训练的开端。

物理实验课覆盖面广，具有丰富的实验思想、方法、手段，同时能提供综合性很强的基本实验技能训练，是培养学生科学实验能力、提高科学素质的重要基础。它在培养学生严谨的治学态度、活跃的创新意识、理论联系实际和适应科技发展的综合应用能力等方面具有其他实践类课程不可替代的作用。

本课程的具体任务是：

1.培养学生的基本科学实验技能，提高学生的科学实验基本素质，使学生初步掌握实验科学的思想和方法。培养学生的科学思维和创新意识，使学生掌握实验研究的基本方法，提高学生的分析能力和创新能力。

2.提高学生的科学素养，培养学生理论联系实际和实事求是的科学作风，认真严谨的科学态度，积极主动的探索精神，遵守纪律、团结协作、爱护公共财产的优良品德。

二、教学内容基本要求

大学物理实验应包括普通物理实验（力学、热学、电磁学、光学实验）和近代物理实验，具体的教学内容基本要求如下：

1.掌握测量误差的基本知识，具有正确处理实验数据的基本能力。

（1）测量误差与不确定度的基本概念，能逐步学会用不确定度对直接测量和间接测量的结果进行评估。

（2）处理实验数据的一些常用方法，包括列表法、作图法和最小二乘法等。随着计算机及其应用技术的普及，应包括用计算机通用软件处理实验数据的基本方法。

2.掌握基本物理量的测量方法。

例如：长度、质量、时间、热量、温度、湿度、压强、压力、电流、电压、电阻、磁感应强度、发光强度、折射率、电子电荷、普朗克常量、里德伯常量等常用物理量及物性参数的测量，注意加强数字化测量技术和计算技术在物理实验教学中的应用。

3.了解常用的物理实验方法，并逐步学会使用。

例如：比较法、转换法、放大法、模拟法、补偿法、平衡法和干涉、衍射法，以及在近代科学研究和工程技术中的广泛应用的其他方法。

4.掌握实验室常用仪器的性能，并能够正确使用。

例如：长度测量仪器、计时仪器、测温仪器、变阻器、电表、交/直流电桥、通用示波器、低频信号发生器、旋光计、分光仪、光谱仪、常用电源和光源等常用仪器。

各学校应根据条件，在物理实验课中逐步引进在当代科学研究与工程技术中广泛应用的现代物理技术，例如：激光技术、传感器技术、微弱信号检测技术、光电子技术、结构分析波谱技术等。

5.掌握常用的实验操作技术。

例如：零位调整、水平/铅直调整、光路的共轴调整、消视差调整、逐次逼近调整、根据给定的电路图正确接线、简单的电路故障检查与排除，以及在近代科学研究与工程技术中广泛应用的仪器的正确调节。

6.适当介绍物理实验史和物理实验在现代科学技术中的应用知识。

三、能力培养基本要求

1. 独立实验的能力——能够通过阅读实验教材，查询有关资料和思考问题，掌握实验原理及方法，做好实验前的准备；正确使用仪器及辅助设备，独立完成实验内容，撰写合格的实验报告；培养学生独立实验的能力，逐步形成自主实验的基本能力。

2. 分析与研究的能力——能够融合实验原理、设计思想、实验方法及相关的理论知识对实验结果进行分析、判断、归纳与综合。掌握通过实验进行物理现象和物理规律研究的基本方法，具有初步分析与研究的能力。

3. 理论联系实际的能力——能够在实验中发现问题、分析问题并学习解决问题的科学方法，逐步提高学生综合运用所学知识和技能解决实际问题的能力。

4. 创新能力——能够完成符合规范要求的设计性、综合性内容的实验，进行初步的具有研究性或创意性内容的实验，激发学生的学习主动性，逐步培养学生的创新能力。

四、分层次教学基本要求

上述教学要求，应通过开设一定数量的基础性实验、综合性实验、设计性或研究性实验来实现。这三类实验教学层次的学时比例建议分别为：60%、30%、10%（各学校可根据本校的特点和需要，做适当调整。建议综合性实验、设计性或研究性实验的学时比例应不低于30%，并含有一定比例的近代物理实验）。

1. 基础性实验：主要学习基本物理量的测量、基本实验仪器的使用、基本实验技能和基本测量方法、误差与不确定度及数据处理的理论与方法等，可涉及力学、热学、电磁学、光学、近代物理等各个领域的内容。此类实验为适应各专业的普及性实验。

2. 综合性实验：指在同一个实验中涉及力学、热学、电磁学、光学、近代物理等多个知识领域，综合应用多种方法和技术的实验。此类实验的目的是巩固学生在基础性实验阶段的学习成果、开阔学生的眼界和思路，提高学生对实验方法和实验技术的综合运用能力。各学校应根据本校的实际情况设置该部分实验内容（综合的程度、综合的范围、实验仪器、教学要求等）。

3. 设计性实验：根据给定的实验题目、要求和实验条件，由学生自己设计方案并基本独立完成全过程的实验。各学校也应根据本校的实际情况设置该部分实验内容（实验选题、教学要求、实验条件、独立的程度等）。

4.研究性实验：组织若干个围绕基础物理实验的课题，由学生以个体或团队的形式，以科研方式进行的实验。

设计性或研究性实验是教学理念、教学方法的体现，由单个或系列基础性实验、综合性实验拓展构成。设计性或研究性实验的目的是使学生了解科学实验的全过程、逐步掌握科学思想和科学方法，培养学生独立实验的能力和运用所学知识解决给定问题的能力。各学校可根据本校的实际情况设置该类型的实验内容。

五、教学模式、教学方法和实验学时的基本要求

1.以立德树人为根本，将价值塑造、知识传授和能力培养有机融合，促进学生知识、能力、素质协调发展；各学校应积极创造条件，开放物理实验室，在教学时间、空间和内容上给学生较大的选择自由，有效提升课程的高阶性、创新性和挑战度。为一些实验基础较为薄弱的学生开设预备性实验以保证实验课教学质量；为学有余力的学生开设提高性实验，提供延伸课内实验内容的条件，尽可能开设不同层次的开放性实验内容，以满足各层次学生求知的需要，适应学生的个性发展。

2.创造条件，充分利用包括网络技术、多媒体教学软件、虚拟仿真实验等现代信息技术丰富教学资源，拓宽教学的时间和空间。提供学生自主学习的平台和师生交流的平台，加强现代化教学信息管理，以满足学生个性化教育和全面提高学生科学实验素质的需要。

3.考核是实验教学中的重要环节，应该强化学生实验能力和实践技能的考核，鼓励建立能够反映学生科学实验能力的多样化的考核方式。

4.物理实验课程学时不少于32学时。

5.基础性实验分组实验一般每组1~2人为宜。

六、有关说明

1.本基本要求适用于各类高等学校的农林类专业本科大学物理实验教学。不适用于工科专业（农林类院校中与农林无关的工科专业也不适用）。

2. 建议有条件的学校在必修实验课程之外开设 1~2 门物理实验选修课，其内容以近代物理、综合性、应用性实验为主，面可以宽一些，技术手段应先进一些，以满足各层次学生的需要。各学校应积极创造条件，开辟学生创新实践的第二课堂，进一步加强对学生创新意识和创新能力的培养，鼓励和支持拔尖学生脱颖而出。

3. 积极开展物理实验课程的教学改革研究，在教学内容、课程体系、教学方法、教学手段等各方面进行新的探索和尝试，并将成功的经验应用于教学实践中。

教育部高等学校大学物理课程教学指导委员会

2021 年 5 月